Guillermo Bracamonte
Rosalia F. Bracamonte
Lucia V. Bracamonte Gontero

Nuevas Tecnologías basadas en el control de la Nano-, Micro-escala

Guillermo Bracamonte
Rosalia F. Bracamonte
Lucia V. Bracamonte Gontero

Nuevas Tecnologías basadas en el control de la Nano-, Micro-escala

Para la liberación de fármacos, Nutracéuticos, y luz no-clásica

Editorial Académica Española

Imprint

Any brand names and product names mentioned in this book are subject to trademark, brand or patent protection and are trademarks or registered trademarks of their respective holders. The use of brand names, product names, common names, trade names, product descriptions etc. even without a particular marking in this work is in no way to be construed to mean that such names may be regarded as unrestricted in respect of trademark and brand protection legislation and could thus be used by anyone.

Cover image: www.ingimage.com

Publisher:
Editorial Académica Española
is a trademark of
Dodo Books Indian Ocean Ltd. and OmniScriptum S.R.L publishing group

120 High Road, East Finchley, London, N2 9ED, United Kingdom
Str. Armeneasca 28/1, office 1, Chisinau MD-2012, Republic of Moldova, Europe
Managing Directors: Ieva Konstantinova, Victoria Ursu
info@omniscriptum.com

Printed at: see last page
ISBN: 978-620-0-01938-7

Nuevas Tecnologías basadas en el control de la Nano-, Micro-escala para la liberación de fármacos, Nutracéuticos, y luz no-clásica

English Version

New technologies based on the Nano-, Micro-scale control for Pharmaceutics, Nutraceutics, and non-classical Light delivery

Rosalia F. Bracamonte, Especialista. Técnica en Ciencias. [6], Lucia V. Bracamonte Gontero, Especialista. Técnica Química. [6], A. Guillermo Bracamonte, Dr. En Cs. Químicas [1], [2], [3], [4], [5], [6], [7]*

[1]Instituto de Investigaciones en Físico Química de Córdoba (INFIQC), Departamento de Química Orgánica, Facultad de Ciencias Químicas, Universidad Nacional de Córdoba (UNC). Ciudad Universitaria, 5000 Córdoba, Argentina.

[2] Departement de chimie and Centre d'optique, photonique et laser (COPL), Université Laval, Québec (QC), Canada, G1V 0A6.

[3] Department of Chemistry, University of Victoria (UVic), Vancouver Island, V8W 2Y2 British Columbia (BC), Canada.

[4] Institut fur Organische Chemie, Universitat Regensburg 93040, Regensburg, Germany.

[5] University of Akron, Institute of Polymer Science and Engineering; and NASA Astrobiology Institute, Ohio, United States.

[6] i) Escuela Técnica ENET N°1, Gral. Savio (IPET Nº 266 Gral. Savio); y ii) Remedios Escalada de S. Martín. Córdoba, Argentina; iii) Comisión Escolar "Des Decouvertes", Quebec; y "British Columbia Education system", BC, Canadá

[7] Miembro de la Red de Vinculación Tecnológica del CONICET-CCT (Centro Científico Tecnológico), Córdoba, Argentina.

UVictoria **ULaval**

URegensburg **UAkron**

Index. English version

Preface

Abstract

1. Introduction: concepts from the active principle of a molecule towards Nanochemistry within Life Sciences.

2. Objectives

En el presente trabajo de Investigación se desarrolla el tema de la nuevas tecnologías en base al control de la materia y su composición en la Nano-, y Micro-escala para la generación de Nanotecnología, Microdispositivos, Chips, e Instrumentación de reducidas dimensiones. En particular se enfoca hacia el diseño de ideas y nuevas estrategias para la liberación de fármacos, Bio-fármacos, y Nutracéuticos. Es decir sobre diferente especies químicas que poseen interés en Ciencias de la Vida con intereses hacia la salud, nutrición, mejora en rendimientos deportivos. Igualmente aborda la temática de diagnóstico y tratamientos en donde se involucra alto nivel de instrumentación y tecnología relacionada en donde los nuevos Nano-, Micro-materiales pueden ser parte de una nueva técnica o metodología. Es decir, que se muestran y analizan recientes avances en progreso al respecto; al igual que se compara y mencionan incorporaciones concretas y reales las cuales ya están en el mercado casi cotidiano. De similar manera, el concepto mencionado de liberación de una especie química asociada a una determinada propiedad se ha hecha extensiva a la liberación de luz no-clásica. Esta luz, denominada como tal se relaciona con nuevas estrategias en la generación de luz en donde se involucra igualmente que en el concepto clásico las manipulaciones longitudes de onda, energías, y coloraciones con diversas aplicaciones. De esta manera se muestran ejemplos de Nanoemisores y tecnologías relacionadas tales como los dispositivos LEDs (del Ingles *Light Emitting Devices*), Láseres, y lámparas en donde se aplican desde estudios en células hasta para tecnologías de iluminación corriente. Además, en este sentido se expande el conocimiento y conciencia sobre la necesidad de la utilización de la luz en nuevos tratamientos de salud al igual que para el desarrollo de una buena vida en general. Es así que es compendio de muestra y análisis de información para la propuesta de nuevas tecnologías en el contexto de educación, Ciencias y Desarrollo. En este sentido igualmente se muestran recientes resultados experimentales en desarrollo y publicados por los autores sobre nuevas Nanotecnologías y aplicaciones. De esta manera se ha colectado información de diferentes Universidades y sistemas de Educación en distintos países y regiones del planeta de una manera presencial; al igual que otras tantas desarrolladas en actividades virtuales cumpliendo tareas relacionadas con congresos, cursos, educación a distancia, proyectos editoriales y trabajos en colaboración.

RESUMEN

En este tratado de nuevas tecnologías emergentes en el dominio de Ciencias de la Vida se aborda de una manera sencilla la construcción del conocimiento desde el control de la Nano-, Micro-escala hacia la propuesta y desarrollo de Nanotecnología, Microtecnología, Microdispositivos, Chips, e instrumentación de reducidas dimensiones. El control de diminutas partículas se lo plantea mediante reacciones químicas en dispersión coloidal al igual que mediante otras tecnologías en seco mediante la utilización de Láseres y métodos para la modificación de superficies y substratos. Estas Nano-, Microestructuras pueden poseer diferentes aplicaciones. En sentido, en el presente trabajo de Investigación se ha desarrollado el concepto del diseño con perspectivas hacia la preparación de nuevos Nanofármacos y Nutracéuticos para la liberación controlada de sus principios activos. Igualmente para el desarrollo de diagnósticos precoces y aplicación de nuevos tratamientos médicos de alta precisión. Muchos de estos conceptos se encuentran actualmente bajo estudio a un nivel de Ciencia fundamental; pero de igual manera muchos de ellos trascienden al mercado y se encuentran ya incorporados en tecnologías y tratamientos los cuales la sociedad tiene acceso sin saberlo. Además, desde la Nano-, Micro-escala pueden generarse la liberación de luz no clásica por diferentes motivos. Es así que Nanoemisores con alta intensidad lumínica pueden marcar células, tejidos al igual que actuar como Nanoplataformas en donde pueden detectarse moléculas de interés biológicos. De similar manera estas diminutas arquitecturas pueden participar en la generación de luz en nuevos sistemas tales como los LEDs (del Ingles *Light Emitting Devices*). En este sentido pueden actuar como sistemas de liberación de luz para la iluminación de sistemas Ópticos tales como microscopios al igual que irradiar células y tejidos para diversas aplicaciones relacionadas con la generación de Bioimágenes y Biodetección.

En en este compendio de conocimiento se trataros todas estas temáticas con un enfoque multidisciplinario haciendo hincapié en Química, Nanoquímica, Nano-Óptica, Física, Fotofísica, y Fotónica desarrollada con perspectivas de Biofotónica y Nanomedicina. Es allí, en donde en una misma estructura de reducidas dimensiones que puede tomar la forma de un polvo, una dispersión coloidal, una crema, y un apósito puede contener Nano-, Microestructuras con funcionalidades de liberación de un determinado fármaco, producto Nutracéuticos, y también liberación de luz no clásica detectada mediante sofisticados sistemas Ópticos de alta precisión tales como Microscopios, Tomógrafos, y escáneres. Para la presentación de estas temáticas de han analizado recientes publicaciones al iguales que artículos pioneros en cada una de las disciplinas científicas; lo cual ha permitido presentar en forma breve un resumen o revisión de temáticas.

Además se debe destacar que este tratado se ha desarrollado en el contexto de vinculación tecnológica, Educación en Ciencias, y Formación continua, en diversas disciplinas científicas y áreas del conocimiento transversales los cuales se encuentran en proyectos en colaboración con diferentes Instituciones Académicas Internacionales. De esta manera, al final de este compendio se presente brevemente avances obtenidos en Nanotecnologías multifuncionales incorporando múltiples materiales funcionales para su liberación controlada mediante sistemas o mecanismos controlados remotamente. Es así que se discute y concluye sobre avances desde la Ciencia fundamental hacia la transferencia de conocimiento en el mercado de Ciencias de la Vida en donde todos nos encontramos en la búsqueda de nuevas estrategias para la mejora de la calidad de vida en general.

ABSTRACT

Resumen/Abstract- English version

In this book is developed the theme of new emerging technologies into the domain of Life Sciences affording by a simple manner le bottom up of knowledge from the control of the Nano-, to the Micro-scale and development of Nano-, Micro-technologies, Microdevices, Chips and reduced sized instrumentation. The control of reduced sizes particles obtained by chemical reactions, colloidal dispersions as well as by the use of Laser assisted techniques in dry condition. These Nano-, Microstructures could have different modifications of their surfaces and substrates. Therefore, these ones could show varied functions and applications. In this way, in the present editorial and Research work, it was developed the concept of the design of functional materials with perspectives of new Nanopharmaceutics and Nutraceutics delivery in controlled conditions of their active components. In similar manner for early diagnoses and applied for new medical treatments which are not all known by users. Moreover, from the Nano-, Microscale it could be delivered non classical light for different uses. In this manner, varied Nanoemitters with high intensity and stability could generate non classical light delivery for labelling cells and tissues, as well as to detect biomolecules with biological interest. In similar manner, they could participate in the generation of non-classical light within new Optical systems such as modified brighter LEDs (Light Emitting Devices). In this way, this technology could be incorporated in advanced Optical systems such as Microscopes, and to irradiate light on cells and tissues for varied applications related with Bioimaging and Biodetection.

Therefore, in this compendium of knowledge it was afforded by a multidisciplinary point of view based on Chemistry, Nanochemistry, Nano-Optics, Physics, Photophysics and Photonics developed with Biophotonics and Nanomedicine perspectives. Thus, from the same structure with reduced sizes that could be contained into powder, colloidal dispersions, creams, liquids, and paths are of interest for delivery pharmacophores, Nutraceutics, as well as non-classical light detected by sophisticated Optical systems with high accuracy and precision such as Fluorescence Microscopy methods, Tomography instrumentations, and Optical scanners. For the presentation of of these themes and topics, it was analyzed recent publication, articles from varied Multidisciplinary Research fields that permitted in brief to show the insights of main developments showing trends.

Moreover, it should be highlighted that it was developed these ideas and work related in the context of technology linkage, Education in Sciences, and Continuous formation, within divers Scientific disciplines and knowledge from where projects in collaboration and different Institutions were together. By this manner, in the end it was showed and discussed developments under development focusing on Multifunctional Nanotechnologies incorporating different materials for their delivery by remote controlled systems. Therefore, it is discussed and concluded about advances and trends of Fundamental Science toward the transference on the market looking for innovative new products for wellbeing and improved quality of Life.

INTRODUCCION

---

1. Introducción: conceptos desde un principio activo de una molécula hacia Nanoquímica en Ciencias de la Vida.

Esta introducción versa sobre las bases y los fundamentos sobre los cuales se construye el conocimiento desde el diseño y síntesis de una molécula hacia el ensamble de varias de ellas tales como ocurren en reacciones poliméricas. Continuando con el control en 3 dimensiones es posible ensamblar moléculas y átomos en mayores dimensiones para generar Nano-, Micro materiales con determinadas funciones. En este contexto se menciona que la unidad de media del nanómetro relaciona dimensiones de longitudes en millonésimas partes más pequeñas que un milímetro disponibles en reglas de uso escolar. Es asi que el control de la Nanoescala se encuentra en tamaños infinitésimamente pequeños pero muy por encima del nivel molecular. Para comprender esto, es necesario saber que moléculas con dimensiones promedio tal como aminoácidos en proteínas pueden aglomerarse en conjunto de 100-1000 para formar 1 nanometro (nm). En estas dimensiones el desarrollo de este compendio Nanotecnología y aplicaciones en Ciencias de la vida se ha producido.

En particular se desarrolla como se puede utilizar el control de la Nano-escala para el diseño y síntesis de nuevos productos Nanofarmacéuticos y Nutracéuticos. Diversas moléculas con principios activos pueden tener efectos positivos en la salud; sin embargo uno de los mayores desafíos en Farmacia es la vía de administración, incorporación y detección del tejido u órgano para que inicie su acción deseada en el lugar apropiado. Es así que no todos los desafíos han sido abordados e igualmente muchos de ellos han sido tratados parcialmente. Un determinado medicamento puede ser degradado en los diferentes medios por donde circula hasta llegar al lugar específico en donde debe actuar en base a interacciones específicas con receptores objetivos.

De similar manera, se puede contemplar la incorporación de productos Nutracéuticos, siendo los cuales un grupo de moléculas sintéticas y naturales; Bioestructuras, Nutrientes, antioxidantes, vitaminas y variadas estructuras químicas las cuales contribuyen a la nutrición para la buena conformación y mantenimiento del organismo con plena salud. El objetivo principal de los Nutracéuticos es la protección de la salud mediante la ingesta controlada de nutrientes específicos, los cuales por adelantado son incorporados para la disposición del organismo en el proceso anabólico de construcción y mantenimiento de funciones vitales mediante diversos mecanismos biológicos. Es así que estos pueden actuar como agentes de prevención en el desarrollo de futuras dolencias. En este sentido, los agentes Nutracéuticos pueden ser considerados como productos farmacéuticos igualmente. Y en ese sentido la liberación de productos farmacéuticos y Nutracéuticos de una manera controlada, y activados mediante mecanismos los cuales sean considerado como inteligentes en base a una respuesta especifica son igualmente varios de los mayores desafíos a abordar desde el punto de vista del diseño del fármaco y aplicación en un determinado tratamiento.

En este sentido, el control de la Nano-escala puede aportar muchas mejoras en la capacidad de absorción de fármacos y nutrientes. Esto se relaciona con las interacciones de las moléculas involucradas con el medio en el camino y vehiculización hacia el órgano y/o membrana objetivo. Igualmente puede ser como estructura de diminutas dimensiones que aporten controladas concentraciones de moléculas específicas para una aplicación local. Y en este contexto la aplicación local se relaciona a nivel de células y organelas igualmente. Esto tiene como implicancia con que una droga puede ser dosificada controladamente en un sitio activo que necesita solamente el tratamiento. De esta manera el tratamiento aumenta su especificad y disminuye posibles efectos adversos no deseados.[1]

De similar manera, la micro-escala puede aportar en los materiales, el diseño de mayores superficies y volúmenes involucrados los cuales pueden contener a las Nanofármacos y Nutracéuticos. Es decir que el control de la materia en el proceso de fabricación de un material puede aportar nuevas formas de administración. Estas pueden ser contempladas en el diseño de hidrogeles, capsulas, comprimidos y nuevas estrategias de aplicaciones en base al contacto con el tejido tales como apósitos, dispositivos, y Chips.[2] Estas nuevas vías de administración pueden ser encontradas conceptualmente en algunas soluciones farmacéuticas implícitas en el diseño del producto actualmente. Pero, en este sentido hay muchos avances de nuevas tecnologías en base a ciencia fundamental en donde se realiza desarrollo en este sentido con variadas aplicaciones e intereses.

Además, al respecto de nuevas tecnologías se puede mencionar los sistemas para emisión de luz, los cuales pueden ser considerados muchos de ellos como de liberación de luz no clásica tal como los láseres.[3] El control de diminutas partículas se lo plantea mediante reacciones químicas en dispersión coloidal al igual que mediante otras tecnologías en seco mediante la modificación de superficies y substratos. Estas Nano , Microestructuras pueden poseer diferentes aplicaciones. En sentido, en el presente trabajo de Investigación se ha desarrollado el concepto del diseño con perspectivas hacia la preparación de nuevos Nanofármacos, Nutracéuticos y sistemas de liberación controlada de Luz no clásica de similar manera.[4] Haciendo hincapié en sus propiedades terapéuticas y asistencia en diversos procedimientos quirúrgicos.[5] Igualmente para el desarrollo de diagnósticos precoces y aplicación de nuevos tratamientos médicos de alta precisión. Muchos de estos conceptos se encuentran actualmente bajo estudio a un nivel de Ciencia fundamental; pero de igual manera muchos de ellos trascienden al mercado y se encuentran ya incorporados en tecnologías y tratamientos los cuales la sociedad tiene acceso sin saberlo. Además, desde la Nano-, Micro-escala pueden generarse la liberación de luz no clásica por diferentes motivos.[6] Es así que Nanoemisores con alta intensidad lumínica pueden marcar células, tejidos al igual que actuar como Nanoplataformas en donde pueden detectarse moléculas de interés biológicos. De similar manera estas diminutas arquitecturas pueden participar en la generación de luz en nuevos sistemas tales como los LEDs (del Ingles Light Emitting Devices).[7] En este sentido pueden actuar como sistemas de liberación de luz para la iluminación de sistemas Ópticos tales como microscopios al igual que irradiar células y tejidos para diversas aplicaciones relacionadas con la generación de Bioimágenes y Biodetección.

Es así que en este compendio de conocimiento se trata sobre todas estas temáticas con un enfoque multidisciplinario haciendo hincapié en Química, Nanoquímica, Nano-Óptica, Física, Fotofísica, y Fotónica desarrollada con perspectivas de Biofotónica y Nanomedicina.[8] Es allí, en donde en una misma estructura de reducidas dimensiones que puede tomar la forma de un polvo, una dispersión coloidal, una crema, y un apósito puede contener Nano-, Microestructuras con funcionalidades de liberación de un determinado fármaco, producto Nutracéuticos, y también liberación de luz no clásica detectada mediante sofisticados sistemas Ópticos de alta precisión tales como Microscopios, Tomógrafos, y escáneres.[9]

OBJETIVOS

2. Objetivos

- Como objetivo general se plantea realizar un desarrollo y tratamiento de la temática control de la Nanoquímica para la generación de nuevas estructuras en la Nanoescala y microescala para contener y liberar fármacos y Nutracéuticos de una manera mejorada en diversos aspectos requeridos en el dominio de Ciencias de la Vida.

- Además, y de similar manera analizar la necesidad de generar nuevos sistemas de liberación controlada de Luz desde disminutas dimensiones tal como la Nano-, y Micro-escala. Es asi que la Luz no clásica es presentada desde un punto de vista molecular y como estimular fenómenos lumínicos en estructuras químicas confinadas.

- Por otra parte, luego de haber generado el conocimiento necesario para el control de la Nanoescala analizar diferentes desarrollos enfocados en la funcionalización de materiales hacia una mayor escala tales como dispositivos, portables, y Chips. En estos pueden ser contenidos los diferentes desarrollos Nanotecnológicos confinados en volúmenes o colocados sobre superficies para diseñar y crear propiedades físicas y químicas con funciones específicas. Las funciones en particular se centran sobre los tres principales temas mencionados de liberación de farmacéuticos, Nutracéuticos y luz no clásica.

- Se plantea de igual manera desarrollar la temática de diseño y fabricación de Nanofármacos. Estos poseen particulares propiedades y ventajas las cuales muchas de ellas se encuentran en estudio a nivel de Ciencia fundamental y muestran interesantes perspectivas.

- Se estudiará la necesidad de desarrollar nuevos sistemas de liberación controlada de Nutracéuticos los cuales pueden tener una amplia variedad de objetivos. En este sentido se plantea el estudio del desarrollo do Nanonutracéuticos siendo estos estudiados desde un punto de vista de interacción directa con células objetivos las cuales necesitan un determinado nutriente.

- El desarrollo de Nanoemisores en base al control de fenómenos físicos y químicos se desarrolla hacia la liberación controlada de Luz no clásica. Este concepto igualmente tiene como intención analizar la situación actual del desarrollo del arte a nivel fundamental al igual que aplicado en nuevas tecnologías e igualmente ya incorporadas en el mercado tales como sistemas lumínicos LEDs y Láseres.

- Por último se presenta un diseño de Nanoarquitectura multifuncional en base a un corazón o núcleo con dimensiones en la Nanoescala de un material biocompatible sobre el cual se le adiciona multi-coberturas poliméricas. Se describe el concepto, se analiza y se discute acerca de propiedades las cuales puede plantearse Nanoemisores, Nanoconductores, Nanofármacos y Nutracéuticos. En ese contexto se muestran resultados y avances obtenidos en Laboratorios de Química y Óptica en donde se destacan recientes resultados y futuras perspectivas.

- Luego se plantea el diseño y control de materiales hacia una mayor escala contemplando desde la Micro-escala hacia una miniaturización de Instrumentación y dispositivos funcionales. En este contexto el planteo de proto-tipos es analizado desde el concepto hacia la transferencia real de la creación del material con las propiedades deseadas.

MATERIALES Y METODOS

3.1 Materiales

En cuanto a los materiales se los pueden clasificar en tres fuentes principales: i) fuentes Bibliográficas, medios de comunicación, y Red Electrónica; ii) fuentes académicas en base a estadías de estudio, visitas, trabajo presencial, trabajo remoto, trabajo en colaboración, y mediante cursos y membresías relacionadas. Además se debe destacar que este tratado se ha desarrollado en el contexto de vinculación tecnológica, Educación en Ciencias, y Formación continua, en diversas disciplinas científicas y áreas del conocimiento transversales los cuales se encuentran en proyectos en colaboración con diferentes Instituciones Académicas Internacionales.

iii) materiales relacionados con reactivos químicos para la realización de reacciones químicas para la obtención de moléculas, moléculas modificadas y Nanoestructuras.[10]

3.2 Métodos

La bibliografía fue debidamente compilada, organizada y resumida en la mayoría de los casos. Para el análisis de la literatura utilizada se ha realizado una lectura de la misma extrayendo la idea principal sin hacer hincapié en una descripción extensa, sino en su lugar se extrajo la relacionada con la comunicación deseada en la búsqueda de cumplimentar el objetivo planteado. La descripción en detalle se encuentra en las publicaciones originales cuando así correspondan.

En cuanto al desarrollo experimental se utilizaron diferentes técnicas y métodos para el control de Nanoquimica en dispersiones coloidales. Es asi que de los resultados experimentales se desarrollaron variadas adaptaciones y modificaciones de metodologis conocidas al igual que se generaron nuevas según el caso.

La síntesis de Nanopartículas metálicas se realizó mediante reacciones de reducción, como el clásico método de Turkevich[11]. De similar manera se realizó la síntesis de Nanopartículas de plata. Variando las cantidades de reactantes se pudo obtener Nanopartículas de dimensiones entre 10-200 nm.

Además, para la obtención de Nanopartículas híbridas, estas Nanopartículas fueron recubiertas de un polímero, de sílica ($-SiO_2-$), y de una cobertura polimérica biodegradable mediante el método de Stöber;[12,] y emulsificación espontánea por la difusión del solvente, respectivamente según la aplicación. De esta manera las Nanopartículas además de ser estabilizadas en medio acuoso permiten unir covalentemente, mediante reacciones orgánicas, grupos funcionales, fluoróforos, sistemas supramoleculares, proteínas, anticuerpos, etc.

Los polímeros biodegradables son copolímero formados de la combinación de pares de monómeros tal como los ácidos láctico, gálico y málico, entre otros. Su síntesis consta de un método de emulsificación espontanea por la difusión del solvente[13]. Los parámetros más importantes a tener en cuenta en la síntesis fueron el emulsificante (PVA, pooo molecular 20000) y su relación de R= copolímero/emulsificante, y además la relación entre los solventes utilizados (Rs= H_2O, Acetona, Etanol).

Para la síntesis de Nanopartículas Poliméricas Supramoleculares, según el diseño plantoado concentraciones variables de ciclodextrinas, y ciclodextrinas modificadas[14] fueron adicionadas a la Nanoestructura Polimérica mediante la simple incorporación reticular o vía formación de enlaces covalentes.[15]

RESULTADOS. DATOS Y ANALISIS

4.1 Diseño y síntesis de Nanopartículas, Nanoplataformas, y Microdispositivos con aplicaciones en nuevas tecnologías.

Los fármacos son ampliamente utilizados en diferentes formulaciones y dosificaciones según la enfermedad. El desarrollo de Nanoestructuras biodegradables en la biomedicina ha permitido solucionar problemas presentes en la utilización de fármacos convencionales microparticulados[16, 17]. Su biodisponibilidad puede ser incrementada permitiendo mejorar la dosificación, prolongar el efecto terapéutico, disminuir las reacciones adversas. Su especificidad es incrementada mediante la incorporación de biomoléculas y de anticuerpos permitiendo además aumentar la concentración local del fármaco. Además, acoplar tratamientos complementarios para una mayor efectividad.

La utilización de estas Nanopartículas permiten aumentar la solubilidad debido a su mayor relación área/volumen y con esto una mayor biodisponibilidad y menor toxicidad[18].

Estas Nanoestructuras, de dimensiones variables entre 10-500 nm, pueden ser obtenidas mediante la utilización de diversas estructuras químicas. La química supramolecular aporta diversas estructuras con la capacidad de formar complejos de inclusión huésped receptor y arreglos auto-ensamblados basados en interacciones no covalentes.[19] Por otra parte la química de polímeros permite la obtención de estructuras con diversas propiedades dependiendo de sus monómeros que la componen. De la combinación de ambas áreas de la química, pueden obtenerse polímeros modificados con sistemas supramoleculares los cuales poseen propiedades producto de la combinación de cada uno de sus componentes. Además, materiales orgánicos híbridos en presencia de Nanopartículas inorgánicas le confieren propiedades metálicas, magnéticas, conductoras, plasmónicas, etc..[20] De dichos materiales aparecen nuevos conceptos de diseños tal como Nanopartículas con corazón metálico recubiertas con espaciadores moleculares,[21] poliméricos,[22] conteniendo drogas de interés farmacéutico, sobre las cuales se le adicionan biomoléculas, anticuerpos, etc. de manera de conferirles especificidad[23].

Por otra parte, se han desarrollado Nanopartículas formadas por liposomas modificados, polímeros de cadena corta, micelas y sistemas organizados híbridos compuestos por metales con ciertas propiedades físicas y químicas que permiten liberar una droga con alta eficiencia y baja toxicidad[24,25]. Por último es importante mencionar que además de las aplicaciones de liberación controlada, dichas estructuras tienen diversas aplicaciones tal como detección de eventos biológicos, detección y seguimiento de células, diagnóstico por imágenes y nuevas terapias en Nanomedicina que aportan grandes perspectivas futuras en el mercado farmacéutico.[26]

4.2 Nanofarmacéuticos y liberación controlada de drogas.

Productos Nanofarmacéuticos están relacionados con la incorporación de principios activos de moléculas con propiedades farmacéuticas confinadas en la Nanoescala de manera de mejorar algún aspecto requerido en su aplicación o tratamiento.[27] Los fármacos los cuales están concebidos a nivel molecular necesitan una protección de agentes externos en el transcurso de su incorporación en el organismo. Siendo de esta manera una necesidad la creación de estrategias para su administración las cuales contemplen formulaciones con agentes protectores. Es así que Nanopartículas cargadas con fármacos pueden ser propuestas en muchos casos como sistemas de vehiculización y liberación controlada.[28]

Además, el control de la Nanoescala puede proveer estructuras funcionales las cuales actúen intrínsecamente como Nanofármacos con un principio o sitio activo[29], el cual provoque una respuesta deseada en el organismo. En este sentido los sistemas coloidales existen ampliamente en el mercado farmacéutico mediante formulaciones específicas siendo la incorporación de Nanopartículas una tendencia en la próxima generación de fármacos denominados Nanofármacos.[30] Este concepto puede observarse actualmente en progreso mediante el ofrecimiento de nuevos productos con propiedades mejoradas y/o hacia nuevas soluciones a desafíos actuales tales como en el área de las Nanovacunas.[31]

4.2.1 Nanopartículas poliméricas biodegradables

Existen diversas Nanopartículas sintetizadas en base a distintos monómeros con diferentes propiedades, tal como acido gálico, ácido láctico, acido málico, etc..[32] Estas Nanoestructuras permiten la incorporación de drogas farmacéuticas, ya sea por la simple encapsulación o mediante la modificación química de grupos funcionales orgánicos.[33] Los fármacos incorporados posteriormente pueden ser liberados de una manera controlada basada en los tiempos de hidrólisis de sus enlaces covalentes según las condiciones del medio o estímulos externos para activar dicho proceso. Dichos procesos son parte del desafío en el diseño de materiales inteligentes.[34] En esta área, en nuestro laboratorio, se han sintetizado Nanopartículas poliméricas, formadas por co-polímeros de ácido láctico y málico, las cuales poseen propiedades no toxicas por la incorporación de un monómero el cual es biodegradado fácilmente por el organismo.[35] Las Nanoparticulas obtenidas poseen una dimensiones entre (200-300) nm (**Figura 1**), y se ha incorporado moléculas fluorescentes las cuales permitieron realizar estudios de liberación controlada. Esta síntesis de Nanoparticulas poliméricas biodegradable posteriormente ha sido utilizada para realizar síntesis de Materiales híbridos orgánicos inorgánicos.

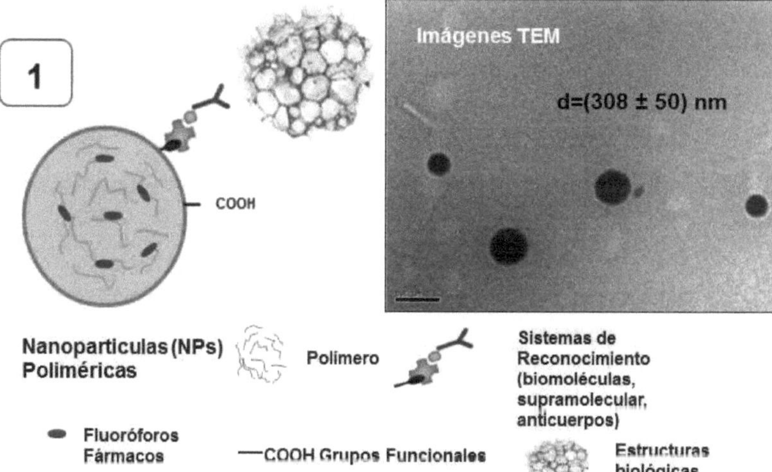

Figura 1. Esquema de Nanopartículas Biodegradables con incorporación de imagen de Microscopia de Transmisión electrónica (TEM) de Nanopartículas de ácidos Poli-láctico-, málico. Fotos obtenidas en la Universidad Laval, Quebec, Canadá. Reimpreso con permisos de A. G. Bracamonte et al. 2024.

4.2.2 Nanoensambles, Nanopartículas Supramoleculares, y Sistemas Organizados

Nanopartículas basadas en interacciones supramoleculares han mostrado en los últimos años un gran desarrollo.[36] Los sistemas supramoleculares más utilizados para la interacción y formación de Nanoagregados son los macrociclos. Estas estructuras son oligómeros cíclicos con una forma cónica o cilíndrica, que poseen una Nanocavidad que les permite la incorporación de drogas orgánicas, iones, y otras especies quimicas[37].

Además estas estructuras poseen una versatilidad sintética que les permite ser modificados químicamente y ser incorporados en cadenas poliméricas flexibles, las cuales forman mediante interacciones no especificas Nanoagregados. De esta manera la incorporación de drogas orgánicas puede ser realizada por la formación de complejos de inclusión con los macrociclos o por la incorporación dentro de la red polimérica[38]. Es importante destacar que la primera terapia basada en Nanoagregados de macrociclos aplicada en humanos para la liberación especifica de RNA (SiRN A) fue desarrollada con ciclodextrinas autoensambladas.[39] Resultados preliminares obtenidos en nuestro laboratorio mediante la utilización de Nanoparticulas biodegradables combinadas con ciclodextrinas modificadas mediante enlaces covalentes muestran la formación de Nanopartículas entre (300-600) nm (**Figura 2**). Mencionadas Nanoestructuras, cuando son modificadas con núcleos fluorescentes, poseen aplicaciones mediante la generación de Nanoimágenes para detección y diagnóstico de estructuras biológicas y eventos biológicos; además de las propiedades de liberación controlada. [40]

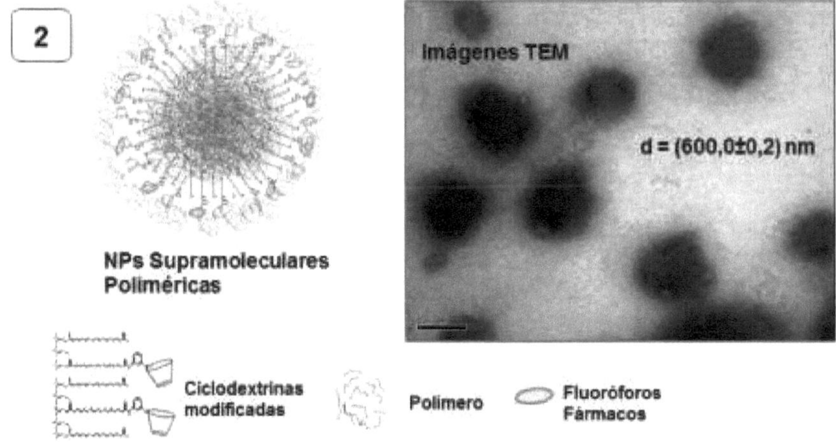

Figura 2. Esquema de Nanopartículas Biodegradables ,odificadas con sistemas supramoleculaes tales como las ciclodextrinas (CDs), Las CDs son oligomeros cíclicos de alfa-d-glucosa de variadas dimensiones. Incorporación de imagen de Microscopia de Transmisión electrónica (TEM) de Nanopartículas de ácidos Poli-galico-, málico. Fotos obtenidas en la Universidad Laval, Quebec, Canadá. Reimpreso con permisos de A. Guillermo Bracamonte et al. 2024.

Además, continuando en el escalado de las dimensiones e interacciones no-covalentes se encuentran los sistemas organizados tales como todas aquellas estructuras químicas en donde múltiples interacciones forman nuevas arquitecturas de mayores dimensiones. Es así el caso de auto-ensamblados con diferentes moléculas y polímeros los cuales forman micelas, vesículas, origamies de DNA, RNA, agregados y Nanopartículas lipídicas, entre otras. [41] La molécula de ADN, Ácido desoxirribonucleico, es la molécula más importante e imprescindible en el desarrollo de la vida. En su secuencia está contenida toda la información del ser vivo para su desarrollo. Posee una versátil estructura química la cual puede ser modificada y utilizada para la construcción de Nanoestructuras, que se incorporen en los sistemas vivos con una determinada funcionalidad tales como dispositivos con memoria, superficies biocompatibles, control luminiscente, arreglos moleculares en 3D con un control exacto de las longitudes en el orden de los nanómetros; al igual que para el estudio y desarrollo de la Genómica, Biosensores, Bio-Imágenes y diagnóstico, Microbioma, bacterias y generación de patógenos, Nanomedicina personalizada. [42]

En esta temática relacionada con NanoBioestructuras se puede mencionar ensambles del tipo Origami de ADN con los cuales pueden prepararse superficies espacialmente controladas generando patrones e 2D y 3D según necesidad.[43] Debido a su estructura diferentes agentes intercalantes fluorescentes pueden incorporarse, al igual que la ubicación de Nanopartículas a diferentes distancias según necesidad (**Figura 3**).[44]

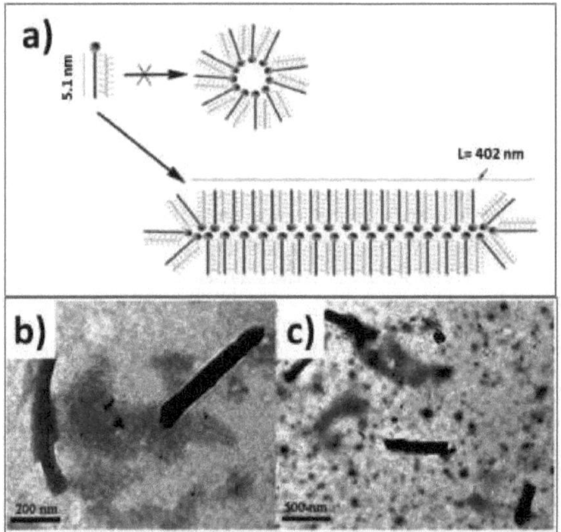

Figura 3. Esquema de estructuras del tipo origami basadas en interacciones complementarias entre hebras de ADN: a) modelo de agregados en forma tubular; b) partir de dúplex (doble hebras complementarias); c) en presencia de solo 10% de hebras de ADN hibridizadas. Reimpreso con permisos de Denis Boudreau et al. 2024.

De esta manera Meta-materiales, dispositivos electrónicos, dispositivos para generación de memorias basadas mediante transferencias foto-electrónicas mediante el control espacial de moléculas orgánicas foto-aceptoras y Nanocompositos semiconductores, Nanomateriales aplicados a Nanofotónica mediante Fluorescencia Incrementada por el Metal (**MEF**),[45] al igual que en base a sus propiedades semiconductoras han sido incorporadas en OLEDs.[46]

4.3 Bio-farmacia y Nutracéuticos

La Biofarmacia puede ser considerada como una área de la farmacia la cual se desarrolla en base a Bio-productos mediante la incorporación de productos naturales, extractos, biomoléculas aisladas y fitoquímicos, entre otros provenientes todos de fuentes naturales.[47] De esta manera se pueden concebir una serie de moléculas existentes en la naturaleza las cuales son parte de bloques de construcción de estructuras biológicas y también participando en el proceso de fabricación de las mismas. Es así que la ingestión de ciertos nutrientes pueden tomar el carácter fármacos si se intenta inducir un efecto anabólico saludable y natural en el organismo. De similar manera un efecto preventivo a largo plazo es deseado.[48]

De esta manera la Biofarmacia ofrece una serie de productos mucho de los cuales son ampliamente difundidos como productos nutricionales siendo estos no identificados como Biofármacos, pero no por ello estos dejan de estar dentro de una larga lista de productos Bio-, y / o naturales. En este contexto otros temas anexos pueden mencionarse y destacarse tal como los alimentos funcionales. Estos son creaciones de un alimento en un formato macroscópico, real y palpable el cual cumple una función específica. Puede ser confuso tal vez el concepto porque todos los alimentos poseen una función determinada en nuestro organismo siendo estos provistos por la naturaleza mediante su evolución natural. Mientras que los alimentos funcionales, son creaciones sintéticas en donde se diseña la matriz e incorporación de nutrientes de diferentes orígenes de manera de dirigir su función a una determinada necesidad predefinida.[49] De esta manera alimentos funcionales pueden cumplir importante roles como por ejemplo, en la protección neuronal en diferentes etapas de la vida según necesidad, activación neuronal, nutrición neuronal, constitución y mantenimiento neuronal. En este caso las neuronas han sido mencionadas como importantes células las cuales dirigen las acciones, reacciones y funcionamientos de todo el cuerpo humano; pero puede ser aplicado a otras células y tejidos. Es de vital importancia mantener el normal funcionamiento de todas las células y órganos del cuerpo humano; siendo esto realizado en parte por una nutrición equilibrada y balanceada en los macro y micronutrientes.[50] Sin embargo, los alimentos funcionales contemplan justamente situaciones en donde el equilibro esta desplazado hacia un estado diferente al optimo natural y / o se requiere mantener ese estado por un determinado periodo de tiempo.[51] Estos pueden ser como ejemplos los casos o situaciones de la vida en donde se requiere demostrar una respuesta orgánica frente a una exigencia determinada tales como eventos de alto rendimiento y performance.[52] Estos pueden ser desde la concepción, gestación y crecimiento de un nuevo ser en el útero de su madre, hasta eventos deportivos de alta rendimiento y extensión, conocidos como de eventos deportivos de Ultra-performances.[53] En ambos ejemplos se necesitan cantidades específicas de nutrientes, vitaminas y minerales las cuales están fuera de una necesidad considerada como normal.[54] Y para su desarrollo la respuesta a la exigencia demandara al organismo un desbalance del equilibro en un sentido para cumplimentar con el evento crecimiento del nuevo ser y/o atravesar la meta deportiva.[55] Es allí en donde alimentos funcionales pueden cumplimentar importantes roles para el normal desarrollo de la vida sin mayores consecuencias luego de haber atravesado por la exigencia nutricional. Pero, es importante mencionar que no solo se puede aplicar en eventos extremos, estos igualmente se los pueden utilizar para asegurar la ingestión controlada de nutrientes según necesidad y evitar situaciones no deseadas tales como deficiencias y hasta eventos de fatiga crónica las cuales pueden generarse fácilmente en el desarrollo de largos períodos. [56]

De esta manera, se ha planteado la necesidad de nutrir según una necesidad mediante alimentos funcionales los cuales pueden ser manipulados como alimentos procesados en diferentes formatos en la macroescala. Pero, justamente esto es el control de la macroescala mediante la adición de nutrientes conocidos y asociados efectos. Esta misma lógica se traslada hacia el dominio de lo infinitamente pequeño en donde la micro-, y Nanoescala pueden adicionar diferentes estrategias de liberación de nutrientes al igual que mecanismos de interacción con la materia viva. [57] Es decir, las moléculas interaccionan con el medio desde diferentes medios, estos pueden ser ya sea disueltos en el medio celular luego de haber ingresado al torrente sanguíneo. Este es el concepto simplemente, lo cual luego será desarrollado en las próximas secciones. Y en este contexto es importante destacar que la Ciencia Fundamental se encuentra dilucidando mecanismos de acción de nutrientes, fármacos y agentes químicos reconocidos de una manera genérica como Nutracéuticos.[58] Siendo a este nivel, las moléculas y funcionalidades las cuales dirigen la acción sobre los organismos. Su incorporación es de vital importancia, y es allí en donde la Nanoescala mediante el diseño y síntesis de Nanomateriales de diferentes formas y tamaños toman actualmente un rol muy importante. La Nanoescala para tener una idea de su dimensión se puede comparar con una infinitésima parte de la superficie celular, la cual puede cubrir como mucho considerando un organismo unicelular, tan solo un 10%.

Continuando con las perspectivas de mejorar y mantener la salud mediante el aporte de nutrientes y moléculas que contribuyan en un aspecto relacionado, es importante mencionar algunos de las moléculas, y biomoléculas, entre otros; tales como moléculas básicas monoméricas involucradas. Es así que se mencionan; diferentes polímeros naturales conocidos como aminoácidos, péptidos para formar proteínas; carbohidratos y poli-azucares, nucleótidos para formar material genómico, ácidos grasos para formar ensambles moleculares tales como membranas, etc. Estos bloques constitutivos son básicos y bien conocidos, pero se debe destacar su importantísima amplia variedad y funciones asociadas. [59]

Además, se pueden mencionar vitaminas, antioxidantes, neurotransmisores, pro-hormonas y hormonas, moléculas anabólicas, estimulantes, neurotransmisores, moléculas energizantes, y nuevas moléculas que evitan el envejecimiento, y aumentan alguna actividad deseada. [60] De similar manera es importante ,mencionar sobre Bioestructuras funcionales tal como la macrobiota, considerada como el conjunto de bacterias y micro-organismos que encuentran principalmente en nuestro sistema digestivo, pero igualmente pueden considerarse a todas aquellas que se encuentran en todo el organismo y participan beneficiando su funcionamiento en general. En este sentido, existen muchos estudios en progreso para la mejora de los nutrientes y nuevas moléculas que participen mejorando rendimiento y funciones. [61]

En este contexto, igualmente debe considerarse como parte de futuros tratamientos, el acompañamiento a la ingesta de Nutracéuticos el desarrollo de actividades físicas controladas debido a sus efectos beneficiosos para la salud. Estos pueden llegar al nivel de modificar composiciones de membranas y aparición de factores marcadores en sangre para la activación de la neurogenesis y desarrollo de procesos cognitivos.[62] Es así que en plasma fue descubierta la enzima fosfolipasa "glycosylphosphatidylinositol-specifiv phospholipase D1" como un importante factor en la activación de la neuro genesis y estimulación. Además, la combinación de movimiento y nuevas terapias basadas en el desarrollo de Biotecnología manipulando componentes naturales, Bioestructuras, Biomoléculas, tales como bacterias benéficas para la salud, nutrientes, y moléculas sintéticas biocompatibles and asimilables.[63] Y de la combinación entre ellas la generación de nuevas formulaciones controlando composiciones en búsqueda de efectos ergogénicos e idealmente efectos incrementados, anabólicos sin arriesgar la salud. En este contexto se menciona el estado anabólico como una situación en donde se genera una construcción positiva de biomateriales en el organismo lo cual estimula la actividad celular y orgánica aplicada según necesidad. [64] Se puede mencionar por ejemplo la manipulación de macrobiota puede afectar al organismo desde el simple funcionamiento orgánico hasta la participación en los diferentes mecanismos celulares involucrados en actividades deportivas de alto rendimiento.[65] Es así que rendimientos deportivos fueron mejorados y correlacionados con el aumento de *Bacteroides uniformis* en la macrobiota. [66] Además, la ingesta de ciertos anillos de poli-azucares circulares con controladas dimensiones nominadas como ciclodextrinas mejoraron rendimientos. Es importante destacar que esos tipos de compuestos, clasificados como sistemas supramoleculares ya han sido probados en sistemas de liberación controlada de aminoácidos y proteínas en el mercado de deportes aeróbicos y anaeróbicos.[67] Esto fue propuesto en base a la capacidad de formar complejos huésped – receptor, los cuales protegen las moleculas incorporadas y las liberan dependiendo de la interacción desde el complejo hacia el exterior. Si la misma, es de mayor fuerza a nivel molecular, el intercambio podría ocurrirse. Es así que la ingesta de este tipo de supra-moléculas puede tener efectos ergogénicos en la captura de biomoléculas en el intestino, posterior liberación y acción. Estos son potenciales aplicaciones las cuales podrían tener un interés en el mercado.

Los mencionados ejemplos involucraron moléculas y Bioestructuras que participan en procesos relacionados con la aplicación de un nutriente, Nutracéuticos o fármaco; sin embargo se puede aplicar otras estructuras funcionales con dimensiones intermedias tales como el intervalo de longitudes en la Nanoescala. Se puede mencionar Nanopartículas de sílica cargadas con curcumina.[68] La curcumina es un producto químico producido por una planta denominada *Curcuma longa* de la familia de las "ginger" *Zingiberaceae*; la cual es en venta como suplemento dietario, cosméticos, y aromatizante de comidas, y colorante igualmente (**Figura 4**).[69] Las mencionadas Nanoarquitecturas han sido estudiadas para su aplicación como nuevos Nanofármacos con perspectivas en tratamientos de enfermedades infecciosas al igual que en la Industria de la comida. Estas estructuras mostraron principalmente la mejora en las propiedades físico-químicas tales como solubilidad, biodisponibilidad, foto degradación disminuida, y aumento de su metabolismo. Es así que la cúrcuma incorporada dentro de la sílica modifica sus propiedades en el proceso de ingestión y metabolismo.

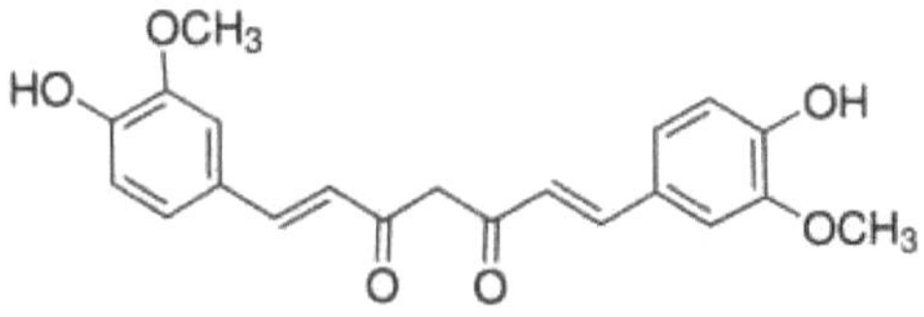

Figura 4. Estructura química de la Curcumina. Reimpreso con permisos de M. A. Walters et al. 2024.

Es decir, que una simple molécula orgánica con importantes propiedades fisicoquímicas y medicinales puede ser utilizada óptimamente con perspectivas medicinales y nutricionales modificando su estructura mediante un envolvimiento polimérico el cual la protege y la carga hasta el sitio de acción. Estas menciones son tan solo aclaratorias como para comprender el concepto de la utilización, combinación de diferentes compuestos con variadas propiedades de manera de modificar y mejorar propiedades para su aplicación. La sílica, es un polímero inorgánico el cual es muy soluble en medios acuosos y polares, relativamente no-toxica en condiciones controladas, y con excelentes propiedades ópticas y semiconductoras las cuales la han hecho exitosa en otras áreas de la tecnologías tal como dispositivos, chips, Fotónica, cuántica, semiconductores, etc., micro-electrónica, circuitos, y *hard-wares* o placas, dispositivos electrónicos en electrónica y computación. Su utilización ha llegado a estar disponible en el mercado por las compañías químicas de reactivos e instrumentación más importantes (**Figura. 5**); al igual que su precursores para el desarrollo de nuevas estructuras funcionales las cuales si están en el dominio de los nuevos materiales y ciencia fundamental con potenciales perspectivas en diferentes áreas del conocimiento.

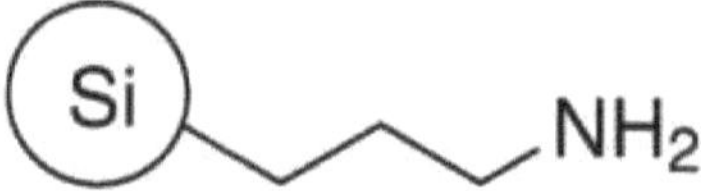

Figura 5. Esquema de Nanopartículas de Sílica ofrecidas por la Compañía Sigma-Aldrich. Esta representa una esfera con dimensiones en la Nano-escala en donde pueden incorporarse variadas cantidades de moléculas tales como de 10-1000 o más dependiendo de sus dimensiones. Reimpreso con permisos de Sigma-Aldrich 2024.

Hay que mencionar el concepto básico nutricional sobre la importancia de la macrobiota y de los nutrientes que ingerimos. Además, es importante destacar sobre las diferentes opciones nutricionales disponibles en variadas suplementaciones deportivas y farmacéuticas, las cuales ambas deben estar regidas por estrictos controles de calidad tal como fármacos. Es así que el dominio o área de los Nutracéuticos el cual se intenta mostrar y presentar en esta breve sección tiene como motivo la discusión de ejemplos tales como los anteriores.

En este sentido, igualmente luego de haber presentado la Nanoescala en próximas dimensiones a moléculas activas nutricionalmente al igual que medicinalmente, se puede destacar más en la dimensión visible la micro-escala para la carga, protección y liberación de nutrientes con performances superiores que en comparación a la ingesta de los nutrientes libres. Las plataformas para la liberación de micronutrientes en base micro-partículas estables a los cambios de temperaturas pueden ser un ejemplo a mencionar.[70] Esta estrategia fue presentada como eficiente manera de mitigar deficiencias de micronutrientes. Estas encapsularon 11 micronutrientes los cuales mostraron estabilidad a cambios de temperatura durante procesos de cocinado, ausencia de oxidación, y fueron así adsorbidas por el intestino de roedores de laboratorio. Datos de ensayos clínicos demostraron carga y liberación aumentada de hierro, adsorción mejorada, mayor biodisponibilidad, y así permitió un aumento en la administración de esta formulación y producción igualmente. Así se alcanzó una producción del orden de los kg; y la administración a partir de estas producciones generaron similares resultados que mediante la utilización de síntesis en una menor escala. Se demostró un 89% mayor de biodisponibilidad de hierro comparada con la ingesta de la especie libre.

De manera similar se puede mencionar el diseño de nuevos alimentos utilizando otras estrategias en base el uso de polímeros poliméricos naturales tal como la gelatina, azucares, y otros sintéticos biocompatibles los cuales son manufacturados en procesos los cuales se aplican condiciones adicionales externas tales como la alta presión. Así, se logra fusionar matrices poliméricas con nutrientes, al igual que otros ingredientes dentro de los cuales pueden estar consideradas nuevas Nano-, Micro-formulaciones y Nutracéuticos.[71] Esta tecnología denominada "Procesamiento de alta presión (HPP, *del Ingles High Pressure Processing*) se encuentra en el orden de los 100-600 MPa; siendo aplicable para la inactivación de microrganismos, esporas, y enzimas en comidas incrementando el tiempo de vida del alimento funcional confinado.

De esta manera se ha realizado una revisión en la temática, de la cual se ha presentado los principales temas relacionados con los objetivos planteados. Es remarcado principalmente el desarrollo de Nutracéuticos estudiando mecanismos acción de moléculas o formulaciones para afectar positivamente la nutrición con un determinado interés. Además, la liberación controlada de los mismos, en donde diferentes sistemas cargo para transportar y liberar de una manera inteligente sus principios activos. [72] Pero, también se ha destacado la utilización de sistemas biológicos tales como bacterias, enzimas y mezclas con otros componentes para la sinergia de sus acciones. Estas estrategias, deben ser consideradas para la incorporación en sistemas cargo, y alimentos funcionales. En donde, desde el control del nivel molecular, hacia la Nano-, Micro-escala y mayores dimensiones permite el diseño de nuevas formulaciones y alimentos funcionales. En este sentido, si se consideran otros temas relacionados hacia nuevas perspectivas se debe al menos mencionar la Biotecnología, los biomateriales y su incorporación para la utilización de sistemas de contacto, asimilables, digeribles e implantables.[73]

Y finalmente, tal vez alejándose algo más del tema central en discusión se puede mencionar la Biología Sintética, Nanomedicina, y la manipulación genética para avanzar de una manera controlada por el ser humano. En este sentido se abre nuevos interrogantes como siempre con respecto a otras temáticas multidisciplinares las cuales pueden cubrir desde la ética, salud, sustentabilidad hacia un futuro sustentable.[74]

4.4 Avances de Nanoarquitecturas cargo del tipo núcleo o corazón con multi-coberturas funcionales para liberación de Luz no-clásica.

Diversos métodos de síntesis existen para la obtención de Nanopartículas metálicas, magnéticas, conductoras, etc. las cuales son plataformas con propiedades intrínsecas a cada material que pueden ser modificadas químicamente. Dichas modificaciones tal como la adición de espaciadores moleculares, moléculas estabilizadoras, sistemas supramoleculares, coberturas supramoleculares, coberturas poliméricas, etc., pueden contener fármacos para una posterior liberación. Los materiales híbridos dan como resultado nuevos Nanomateriales inteligentes los cuales poseen características especiales tal como reconocimiento molecular o celular, detección y seguimiento de la Nanopartícula[75], liberación activada mediante estímulos externos,76 biocompatibilidad y biodegradación.

Referida a la síntesis de Nanoparticulas Hibridas se ha sintetizado Nanoparticulas con corazón metálico de Plata con cobertura de Sílica, la cual fue modificada con diversos fluoróforos mediante la utilización de organosilanos modificados, y bioconjugadas con hebras de ADN 77 según la aplicación78,. Además se han sintetizado Nanoparticulas con corazón metálico de oro cubiertas con cobertura polimérica biodegradable, a las cuales mediante enlaces covalentes se ha adicionado fluoróforos, los cuales han sido liberados en tiempos variables en el orden de las horas y los días, según la composición polimérica (**Figura 6**) (Resultado preliminares mostrados en el VI Congreso Iberoamericano de Ciencias Farmacéuticas. Simposio de Tecnología Farmacéutica (COIFFA) 2015. Síntesis de Nanopartículas Fluorescentes con Corazón metálico recubiertas con un Polímero Biodegradable aplicadas a la liberación controlada de Fármacos. Gontero, D.; Bracamonte, A. G.; Boudreau, D.; Veglia, A. Libro de Resumenes–SAFE 2015 ISSN 2250-4079. B- III-87 – 230)79.

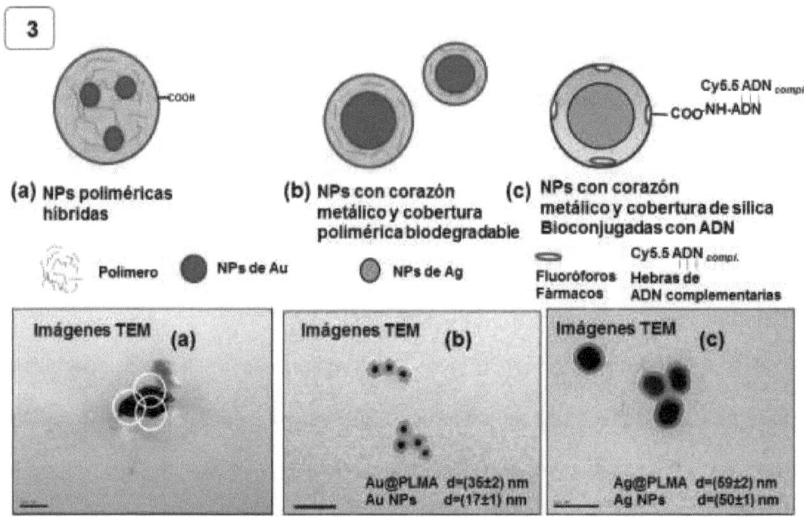

Figura 6. Nanoestructuras del tipo corazón metálico con variadas coberturas poliméricas: a) incorporación de multi-corazones o moldes para formar Nanoparticulas hibridas; b) Nanopartículas con corazones metálicos y coberturas de polímeros biodegradables; c) Nanopartículas con corazón metallico conjugadas con sílica fluorescente y hebras de ADN. Fotos de Microscopia de Transmisión Electrónica (TEM) son mostradas para cada uno de los tipos de Nanopartículas. Fotos obtenidas en la Universidad Laval, Quebec, Canadá. Reimpreso con permisos de A. Guillermo Bracamonte et al. 2024.

Además en esta temática en nuestro laboratorio, se desarrolló una prueba de concepto de un Nanosistema Multifuncional, el cual incorpora reconocimiento molecular basada en interacciones Supramoleculares, detección basada en el efecto Plasmónico, tal como la fluorescencia incrementada por el metal (MEF), control de la señal de detección luminiscente mediante un interruptor en base a una reacción química y liberación controlada de complejos huésped receptor (G. Bracamonte, D. Brouard, M. Lessard.-Viger,

D. Boudreau, A. Veglia, Microchem. J., 2016,128, 297). Mediante la utilización de Microscopia de fluorescencia se ha logrado la obtención de Nanoimágenes provenientes de Nanoagregados en presencia de concentraciones de Rhodamina B en el orden de nM, lo cual corresponde a 40-50 moléculas detectadas por Nanopartícula, con potenciales aplicaciones en detección unimolecular. En este momento continuamos trabajando en el desarrollo de Nanoestructuras Supramoleculares Ultraluminiscentes aplicadas al diagnóstico por Nanoimágenes y sistemas de liberación controlada con aplicaciones en Nanomedicina (Resultado preliminares mostrados en el Simposio Virtual Molecular Diagnostics 2016. Virtual Event. Labroots, ACS, Fluorescent biodegradable core-shell Nanoparticles applied as platforms for molecular diagnosis by Nanoimaging and drug delivery applications. Gontero, D.; Bracamonte, G.; Boudreau, D.; Veglia, A.)[80].

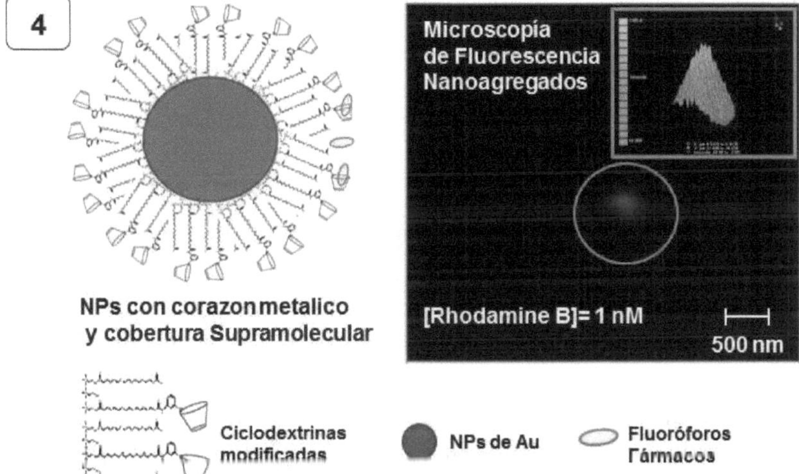

Figura 7. Nanoestructuras del tipo corazón metálico modificadas con cadenas poliméricas de Poli-etilen glicol (PEG) unidas covalentemente a sistemas supramoleculares tal como las Ciclodextrinas (CDs) Fotos de Microscopia de Fluorescencia son mostradas para Nanoensambles de reducidas dimensiones. Reimpreso con permisos de A. Guillermo Bracamonte et al. 2016.

5. Conclusiones y perspectivas futuras

El desarrollo desde la escala molecular en base al estado del conocimiento actual en las áreas enfocadas en este tratado puede ser considerado para ser utilizado en la ingeniería y diseño de nuevos materiales funcionales para su protección y liberación controlada. Sin embargo, del planteo de diferentes aplicaciones producen nuevas situaciones las cuales no pueden ser predichas y aportan a la Ciencia fundamental. En este simple hecho se demuestra el tiempo requerido para la transferencia del concepto a la aplicación deseada. Además, la modificación de moléculas puede igualmente aportar nuevos aportes en las diferentes disciplinas de interés presentadas. En este sentido se destaca la necesidad de aplicar algo conocido; al igual que su modificación en base a una predicción o hipótesis en cuanto a sus nuevas o potenciales propiedades y efectos. De similar manera, en el desarrollo de materiales jerárquicos desde donde se construye propiedades en base a la incorporación desde átomos hacia moléculas y estructuras de mayores dimensiones. Con estas menciones generales desde el punto de vista de los materiales y su composición se intenta reflexionar como se puede unir diferentes escalas para arribar a tener un impacto en una Macro-estructura y Bioestructuras desde el punto de vista desde Ciencias de la Vida.

En este sentido las moléculas con actividad farmacéutica toman importancia desde varios puntos de vistas tales como en el diseño y síntesis de nuevas moléculas y derivadas de productos naturales. De manera similar los Nutracéuticos, como moléculas con actividad nutricional necesarias para; i) la constitución corporal, ii) la participación en procesos vitales en el organismo, iii) prevención de enfermedades, y iv) enfrentan deficiencias nutricionales, v) previenen posibles futuros problemas de salud. Es así que la liberación controlada y durante variados periodos de tiempo es de alto interés e impacto. En este sentido Nanoestructuras puede ser contenedores de productos Nutracéuticos los cuales son protegidos a potenciales modificaciones químicas en el transcurso de su transporte. Además, el empaquetamiento en la Micro escala inicia el escalado y posible diseño de alimentos funcionales para proveer nutrientes según necesidad. En este contexto se ha destacado la utilización de compuestos naturales para una completa Biocompatibilidad y asimilación. Sin embargo, es importante destacar los desafíos relacionados a la aceptación por parte del cuerpo a nuevas formulaciones. Toda ingesta de nuevas concentraciones de productos nutricionales alteran el normal funcionamiento del organismo. Es por ello que todo producto concentrado alejado de las condiciones encontradas en la naturaleza en cierta manera no respeta las leyes naturales en el proceso de evolución; pero no por ello se debe evitar el consumo de concentraciones o composiciones modificadas con respecto a las naturales siempre y cuando las mismas superando ciertas incompatibilidades básicas tales como una cierta incompatibilidad gástrica. Estas menciones si bien son básicas, tienen como intención destacar que si bien se intenta incorporar un nutriente o un producto Nutracéuticos, la respuesta del organismo siempre es de una manera inteligentes. Es por ello que en el disenio y estrategia de su incorporación debe ser de la misma manera. Es decir es un desafío abierto a la Investigación y desarrollo en donde se pueden diseñar y predecir ciertos efectos; pero su verdadero resultado debe ser evaluado y validado.

Por otra parte, en cuanto a la liberación controlada de luz desde la Nanoescala, es importante destacar el diseño y fabricación de nuevos materiales con propiedades aumentadas o mejoradas en base a diferentes fenómenos físicos y químicos. Es asi que se puede notar, la síntesis de nuevos materiales híbridos aplicados a la colecta, transferencia de energía aplicada a la transmisiones de señales, encriptamiento de la información, incremento de la eficiencia Fotónica, sensores ultrasensibles, micro-chips, generación de luz no clásica con aplicaciones en resolución de imágenes, y hasta desarrollos de almacenamiento de energía a una escala mayor para su utilización es muy importante en diferentes áreas de las Ciencias de la Vida. Razón por la cual, el estudio de fenómenos de transferencia de energía a cortas distancias es muy importante. Esto implica el estudio fisicoquímico de moléculas orgánicas individuales, interacciones intermoleculares, moléculas formando parte de superestructuras, sistemas organizados, Nanoestructuras, Metamateriales, etc.. Además, el estudio de fenómenos físicos y químicos cuánticos aporta conocimiento a un nivel electrónico el cual es de interés para explicar propiedades de los materiales, realizar predicciones y desarrollar aplicaciones. Es por ello que el trabajo en sinergia y multidisciplinario de vital importancia por lo cual nos encontramos realizando tareas de Investigación y desarrollo, en diferentes temáticas las cuales involucran procesos Luminiscentes, transferencia luminiscente Ultra-rápida, Fluorescencia Incrementada por el Metal (MEF), Reacciones de Transferencia electrónica de Förster (FRET), Quimioluminiscencia, Electroluminiscencia e interacciones de campos electromagnéticos de alta energía en el campo cercano de Nanoestructuras con moléculas orgánicas, sistemas supramoleculares, sistemas organizados, entre otros.

AGRADECIMIENTOS

6. Agradecimientos

En esta sección se agradece especialmente a todas las Subvenciones otorgadas para el desarrollo de Actividades de Investigación, Desarrollo y Vinculacion Tecnologica en las diferentes áreas involucradas discutidas en este artículo. Así, es importante mencionar a CONICET, Consejo Nacional de Investigaciones Científicas y Técnicas (National Research Council of Argentine), a la ANPCyT, Agencia Nacional de Promoción Científica y Tecnológica (National Agency of Scientific and Technology Promotion of Argentine); y especialmente a SECyT (Secretary of Science and Technology from the National University of Cordoba, UNC, Argentina) por el otorgamiento de la Subvención para jóvenes Investigadores al autor A. G. B. del INFIQC, FCQ, UNC, Argentina.

Se agradece al Profesor Denis Boudreau del "Département de chimie y Centre d'optique, photonique et laser (COPL"), Québec, Canada, por su contribución y trabajo en colaboración en progreso; al igual que por su apoyo en demandas de subvenciones relacionadas en curso. De igual manera, se agradece a la Profesora Valeria Ame del "Centro de Investigaciones en Bioquímica Clínica e Inmunología (CIBICI), Departamento de Bioquímica Clínica, Facultad de Ciencias, Químicas, UNC", Argentina, por su colaboración en proyectos relacionados. También se agradece especialmente a la Profesora Daniela Quinteros del Departamento de Ciencias Farmacéuticas de la Facultad de Ciencias Químicas, de la UNC , junto a su Grupo de trabajo compuesto por la estudiante de Doctorando Sofia Martinez, y la Dra. Cecilia Tettamanti, por el trabajo en colaboración relacionado con Bioconjugación de Nanoparticulas.

De similar manera, se agradece al Profesor Burkhardt Koenig del Departamento de Química Orgánica, de la Universidad de Regensburg, Bavaria, Alemania por la posibilidad de visita y misión de trabajo realizada en su laboratorio en el año 2013; al igual que la continuación hasta la actualidad por mantener su contacto. Además, se agradece a la Profesora Cornelia Bohne, de la Universidad de Victoria, Colombia Británica, Canadá, por la oportunidad de experiencia Posdoctoral relacionada con el Diseño, Síntesis y Dinámica de sistemas Supramoleculares. Al igual que por el trabajo en colaboración realizado durante esa estadía con el sector Industrial Petroquímico "Oil Alberta", Alberta, Canadá. De similar manera se agradece a la Profesora Nita Sahai en su laboratorio en Departamento de Ciencias de los Polímeros, Centro de Investigación en Polímeros Good Year, e Instituto de Astrobiología de la NASA, Universidad de Akron, Ohio, Estados Unidos en el período 2013-2014. De similar manera, se agradece al Profesor Ahmed E. Shalan perteneciente al "BCMaterials, Basque Center for Materials, Applications and Nanostructures, igualmente asociado a Central Metallurgical Research and Development Institute (CMRDI)", Egipto; por su participación junto a su estudiante Esraa S. A. Serea en artículos recientemente publicados en el contexto de un trabajo en colaboración. Además, agradecimientos especiales al Prof. e Investigador E. Garcia – Quismondo de Electrochemical Processes Unit, IMDEA Energy, Mostoles, Madrid, España.

Finalmente, agradecimientos especiales a la Comisión de Educacion "Des Decouvertes", Quebec; y "British Columbia Education system", BC, Canadá por sus aportes en Educación Internacional y Multiculturalismo. Y en este contexto a la participación del Sistema de Educación Argentino en las diferentes etapas involucradas en mencionadas actividades.

Finalmente se agradece a todos por el reciente Emprendimiento de Investigación y Desarrollo con base tecnologica "Entrepreneurship-Start-Up:"Bio-highlighting solutions" fundado por el autor A. G. B. et al., desde sus inicios con el premio "Awarded Prix Ideas Challenge 2010", Entrepreneuriat ULaval-Université Laval, Laval University, Quebec, Canada. (https://www.eul.ulaval.ca/).

BIBLIOGRAFIA

BIBLIOGRAFÍA

---

[1] S. Bhattacharya, K. M. Alkharf , R. Janardhanan, D. Mukhopadhyay, Nanomedicine: pharmacological perspectives, Nanotechnol Rev, 1 (2012) 235–253

[2] C. M. Hussain, Editor-in-Chief, Handbook of Functionalized Nanomaterials for Industrial Applications. A volume in Micro and Nano Technologies , 2020Copyright © 2020 Elsevier Inc. 1-520. ISBN 978-0-12-821381-0

[3] A. Guillermo Bracamonte*, Luna R. Gomez Palacios, Book entitled: "Functional Nano-Biostructures. Study of Dynamics and Luminescent properties based on MEF with perspectives within Micro-devices and Bio-lasers", Editorial Académica Española: OmniScriptum GmbH & Co. KG, Heinrich-Böcking-Str. 6-8, 66121, Saarbrücken (Germany). Directors: Marta Lusena and Dr. Wolfgang Philipp Müller. ISBN 9786202102360. (2023) 1-76. https://www.eae-publishing.com/

[4] M. Rioux, D. Gontero, A. V. Veglia, A. Guillermo Bracamonte*, D. Boudreau*, Synthesis of Ultraluminiscent gold core-shell Nanoparticles as NanoImaging Platforms for Biosensing applications based on Metal enhanced fluorescence, RSC Adv., 7 (2017) 10252-10258.

[5] C. Wang et al., Advanced Nanotechnology Leading the Way to Multimodal Imaging-Guided Precision Surgical Therapy, 31, 49, 6 (2019) 190432.

[6] Michael A. Pinkert, Lonie R. Salkowski, Patricia J. Keely, Timothy J. Hall, Walter F. Block, Kevin W. Eliceiri, Review of quantitative multiscale imaging of breast cancer, J. Med. Imag. 5, 1, 010901 (2018) 1-20.

[7] Daniel Volz, , Review of organic light-emitting diodes with thermally activated delayed fluorescence emitters for energy-efficient sustainable light sources and displays, J. Photon. Energy,6, 2, 020901 (2016) 1-13.

[8] A.Guillermo Bracamonte, Book entitled: "Frontiers in Nano- and Micro-device Design for Applied Nanophotonics, Biophotonics and Nanomedicine", Chapters 1-15, authored Book, Bentham Science Publishers, ISBN: 978-1-68108-857-0 (Print); 978-1-68108-856-3 (Online) © 2021, Bentham Science Publishers (UAE) (2021) 1-200. https://benthambooks.com/book/9781681088563/ DOI:10.2174/97816810885631210101

[9] L. R. Gomez Palacios, A. G. Bracamonte*, Development of Nano-, Microdevices for the next generation of Biotechnology, Wearables and miniaturized Instrumentation, RSC Adv., 12 (2022) 12806–12822

[10] T. Pradeep, NANO. The Essentials. Understanding nanoscience and nanotechnology, Mc Graw Hill, **2007**.

[11] Kimling J., Maier M., Okenve B., Kotaidis V., Ballot H., Pletch A. Turkevich method for gold nanoparticle synthesis revisited. J. Phys. Chem. B (2006) 110: 15700-15707.

[12] C. Graf,D. L. J. Vossen, A. Imhof, A. van Blaaderen, A General Method to Coat Colloidal Particles with Silica, Langmuir 19 (2003) 6693-6700.

[13] Murakami H. et al. Preparation of poly(dl-lactide-co-glycolide) nanoparticles by modified spontaneous emulsification solvent diffusion method. Int. J. of Pharm. (1999) 187:143-152.

[14] A. G. Bracamonte, G. Miñambres, N. Pacioni, D. Boudreau, A. V. Veglia, Supramolecular Systems applied to the synthesis of new Nanostructures, by INFIQC, Departamento de Química Orgánica, Facultad de Ciencias Químicas, Universidad Nacional de Córdoba. Ciudad Universitaria, 5000 Córdoba, Argentina, and Departement de chimie and Centre d'optique, photonique et laser (COPL), Université Laval, Québec (QC), Canada, G1V 0A6. Bitácora digital Journal. New Materials, Vol. 2, 6° Ed., Faculty of Chem. Sc. (UNC), (2015) ISNN: 2344-9144.
https://revistas.unc.edu.ar/index.php/Bitacora/issue/archive

[15] C. N. R. Rao, A. Müller, A. K. Cheetham, The Chemistry of Nanomaterials, WILEY-VCH Verlag GmbH & Co. KGaA, 2004.

[16] Goldberg M, Langer R, Jia X. Nanostructured materials for applications in drug delivery and tissue engineering. J Biomat Sci. (2007) 18:241-68.

[17] Panyan J, Labhasetwar V. Biodegradable nanoparticles for drug and gene delivery to cells and tissue. Adv Drug Deliv Rev. (2003) 55:329-347.

[18] Moddaresi M, Brown MB, Zhao Y, Tamburic S, Jones SA. The role of vehicle nanoparticle interactions in topical drug delivery. Intern J Pharmac. (2010) 400 (1-2):176-182.

[19] Bracamonte A. Guillermo, Veglia Alicia V. Cyclodextrins nanocavities effects on basic and acid fluorescence quenching of hydroxy-indoles. Journal of Photochemistry and Photobiology A: Chemistry (2013) 261:20– 25.

[20] M. R. Begley , D. S. Gianola , T. R. Ray, Bridging functional nanocomposites to robust macroscale devices, Science, 364, 6447, eaav4299 (2019) 1-10.

[21] A. Guillermo Bracamonte*, D. Brouard, M. Lessard-Viger, D. Boudreau*, A. V. Veglia, Nano-supramolecular complex synthesis: switch on/off enhanced fluorescence control and molecular release using a simple chemistry reaction, Microchemical Journal, 128 (2016) 297–304.

[22] A. Guillermo Bracamonte*, Gold nanoparticles chemical surface modifications as versatile Nanoplatform strategy for fundamental Research towards Nanotechnology and further applications, Nanoscience and Nanotechnology: Open Access; MedDocs Publishers LLC, 1, 1, 1004. (2022) 1-6.

[23] Luna R. Gomez Palacios, Sofia Martinez, Cecilia Tettamanti, Daniela Quinteros, A. Guillermo Bracamonte*, Nano-chemistry and Bio-conjugation with perspectives on the design of Nano-Immune platforms, vaccines and new combinatorial treatments, J Vaccines Immunol, PeerTechz Editorial; 7, 1 (2021) 049-056

[24] Alexis F., Pridgen E.M., Langer R., Farokhzad O.C., Nanoparticle technologies for cancer therapy, Handb. Exp. Pharmacol. (2010) 1:55–86.

[25] Nie S., Xing Y., Kim G.J., Simons J.W., Nanotechnology applications in cancer, Annu. Rev. Biomed. Eng. (2007) 9:257–288.

[26] Ayelen Inda, Sofia Mickaela Martinez, Cecilia Tettamanti, Carolina Bessone, Daniela Quinteros, A. Guillermo Bracamonte, Chapter 7 Book entitled: "Nano-engineering Multifunctional Organized Systems highlighting Hybrid micelles, vesicles and Lipidic aggregates towards higher sized structures for theranostics perspectives", to be incorporated in the Elsevier Science and Technology reference book on "Theranostics nanomaterials in drug delivery, Edited by Prof. Prashant Kesharwani (India, UK), and Timothy Bennet, Ed. Project Manager of Life Sciences Elsevier, ISBN: 978-0-443-22044-9, Elsevier (Netherlands), Published On Line by Oct. 16, 2024 (2025) 111-132. DOI: https://doi.org/10.1016/B978-0-443-22044-9.00020-6 © 2025 Elsevier Inc.USA.

[27] S. Bhattacharya, K. M. Alkharfy, R. Janardhanan, D. Mukhopadhyay, Nanomedicine: pharmacological perspectives, Nanotechnol Rev, by Walter de Gruyter, Berlin, Boston 1 (2012): 235-253.

[28] Y. Pathak, D. Thassau, Editors, Drug Delivery Nanoparticles, formulations and characterization. Drugs and the Pharmaceutical Sciences, Vol. 191, Inform Health Care, New York (2009). ISBN-13: 978-1-4200-7804-6 (hardcover : alk. paper) ISBN-10: 1-4200-7804-6 (hardcover : alk. paper)

[29] V. Mercadante, E. Scarpa, V. De Matteis, L. Rizzello, A. Poma , Engineering Polymeric Nanosystems against Oral Diseases, Molecules, 26, 2229 (2021) 1-35.

[30] C. Tomuleasa, C. Braicu, A. Irimie, L. Craciun, Ioana B.-Neagoe Nanopharmacology in translational hematology and oncology, International Journal of Nanomedicine, 9 (2014) 3465-3479.

[31] Q. Ni et al., A bi-adjuvant nanovaccine that potentiates immunogenicity of neoantigen for combination immunotherapy of colorectal cancer, Sci. Adv. 6 : eaaw6071 (2020) 1-12.

[32] A. Kumari, S. Kumar Yadav, S. C. Yadav, Biodegradable polymeric nanoparticles based drug delivery systems, Colloids and Surfaces B: Biointerfaces 75 (2010) 1–18

[33] G. Li, M. Zhao , F. Xu, B. Yang, X. Li, X. Meng, L. Teng , F. Sun, Y. Li, Molecules, 25, 5023 (2020) 1-18,.

[34] J. Ding, Y. Li, Editors, Smart Functional Polymers, Molecules, MDPI (2022) 1-308. ISBN 978-3-03921-590-4 (Pbk)

[35]

[36] Daniela Gontero, Mathieu Lessard-Viger, Danny Brouard, A. Guillermo Bracamonte, Denis Boudreau, Alicia V. Veglia, Smart Multifunctional Nanoparticles design as Sensors and Drug delivery systems based on Supramolecular chemistry, Microchemical Journal, 130 (2017) 316-328.

[37] N. L. Pacioni, A. G. Bracamonte, A. V. Veglia, Comparative effects of cyclodextrin nanocavities versus organics solvents on the fluorescence of indole and carbamate compounds., J. Photochem. Photobiol. A: Chem. 198 (2008) 179-185.

[38] Y. Jiang, Y. Liang, H. Zhang,W. Zhang, S. Tu, Preparation and biocompatibility of grafted functional β-cyclodextrin copolymers from the surface of PET films, Materials Science and Engineering C 41 (2014) 1–7.

[39] Davis M. E., Zuckerman J. E. Choi C. H. J. Evidence of RNAi in humans from systemically administered siRNA via targeted nanoparticles. Nature (2010) 464 :1067-1071.

[40] M. Friederike Schulte, Steffen Bochenek, Monia Brugnoni, Andrea Scotti, AhmedMourran, Walter Richtering, Stiffness Tomography of Ultra-Soft Nanogels by Atomic Force Microscopy, Angew. Chem. Int. Ed., 59 (2020) 2–9.

[41] Eleonora Trovato, Valentina Di Felice, Rosario Barone, Extracellular Vesicles: Delivery Vehicles of Myokines, Frontiers in Physiology, 10, 522 (2019) 1-13.

[42] X. Tian, S. Angioletti-Uberti, G. Battaglia, On the design of precision nanomedicines, Sci. Adv.;6: eaat0919 (2020) 1-11.

[43]   Y. C. Hung , D. M. Bauer , I. Ahmed, L. Fruk , DNA from natural sources in design of functional devices, Methods, 67, 2, (2014) 105-115.

[44] Kim Dore, R. Neagu-Plesu, Mario Leclerc, Denis Boudreau, Anna M. Ritcey, , Characterization of Superlighting Polymer-DNA Aggregates: A Fluorescence and Light Scattering Study, Langmuir 2007, 23, 258-264.

[45]   J. Asselin, M. L.Viger, D. Boudreau, Review: Article Metal-Enhanced Fluorescence and FRET in Multilayer Core-Shell Nanoparticles, Advances in Chemistry, Hindawi Publishing Corporation, 812313, (2014) 1-16.

[46]   M. Lunza, D de Boera, G. Lozano, S. R K Rodriguez, J. Gomez Rivas, M. A Verschuurena, Plasmonic LED device, Proc. of SPIE, 9127, 91270N (2014) 1-6.

[47] G. Walsh, Biopharmaceutical benchmarks, Nature Biotechnology, 18 (2000) 831–833.

[48] Vivek Puri et al., A Comprehensive Review on Nutraceuticals: Therapy Support and Formulation Challenges, Nutrients, 14 (2022) 4637.

[49] N. J. Temple, A rational definition for functional foods: A perspective, Front. Nutr., Sec. Nutrition Methodology, 9 (2022)

[50] R. Doggui,; H. Al-Jawaldeh,; J. El Ati,; R. Barham, L. Nasreddine; N. Alqaoud,; H. Aguenaou, L. El Ammari, J. Jabbour, A. Al-Jawaldeh, Meta-Analysis and Systematic Review of Micro- and Macro-Nutrient Intakes and Trajectories of Macro-Nutrient Supply in the Eastern Mediterranean Region. Nutrients, 13, 1515. H (2021) 1-19.

[51] Clare M. Hasler, Functional Foods: Benefits, Concerns and Challenges-A Position Paper from the American Council on Science and Health, American Society for Nutritional Sciences, 0022-3166/02 (2002) 372-381.

[52] C. Thurber, L. R. Dugas, C. Ocobock, B. Carlson, J. R. Speakman, H. Pontzer, Extreme events reveal an alimentary limit on sustained maximal human energy expenditure, Sci. Adv. 2019;5: eaaw0341(2019) 1-8.

[53] K. A. Hammond, M. Konarzewski, R. M. Torres, J. Diamond, Metabolic ceilings under a combination of peak energy demands. *Physiol. Zool.* 67, 1479–1506 (1994) 1-10.

[54] G. Siuzdak, Metabolic adaptation to calorie restriction, Sci Signal. 8,13, 648:eabb2490 (2020) 1-10.

[55] K. L Beck, J. S Thomson, R. J Swift, P. R von Hurst , Role of nutrition in performance enhancement and postexercise recovery, Open Access J Sports Med, 11, 6 (2015) 259–267.

[56] Maria Ester la Torre et al., The Potential Role of Nutrition in Overtraining Syndrome: A Narrative Review, Nutrients, 15, 23:4916 (2023) 1-18.

[57] 1st Edition, Handbook of Nanotechnology in Nutraceuticals, Edited By S. Ahmed, T. Bhattacharya, Annu, A. Ali, Taylor-Francis Goupe, Routeledge, CRC Press (2024) 1-484. ISBN 9781032155678

[58] M. Bernela, P. Kaur, M. Ahuja, R. Thakur, Nano-based Delivery System for Nutraceuticals: The Potential Future. In: Gahlawat, S., Duhan, J., Salar, R., Siwach, P., Kumar, S., Kaur, P. (eds) Advances in Animal Biotechnology and its Applications. Springer, Singapore. https://doi.org/10.1007/978-981-10-4702-2_7

[59] A. E, Khalil, Mainardes RM, Bovine serum albumin nanoparticles containing quercetin: characterization and antioxidant activity. J Nanosci Nanotechnol, 16 (2016) 1346–1353

[60] T. N. Ziegenfuss, J. M. Berardi, L. M. Lowery, J. Antonio, Effects of Prohormone Supplementation in Humans: A Review, Effects of Prohormone Supplementation in Humans: A Review, Canadian Journal of Applied Physiology, 27, 6 (2002) 1-10.

[61] P.A. Vlaicu, A.E. Untea, I. Varzaru, M. Saracila, A. G. Oancea, Designing Nutrition for Health— Incorporating Dietary By-Products into Poultry Feeds to Create Functional Foods with Insights into Health Benefits, Risks, Bioactive Compounds, Food Component Functionality and Safety Regulations. Foods 12, 4001. H (2023) 1-36.

[62] A.M. Horowitz , X. Fan , G. Bieri , L. K. Smith, I. Sanchez-Diaz , A. B. Schroer, G. Gontier , K. B. Casaletto , J. H. Kramer , Katherine E. Williams, S. A. Villeda, Blood factors transfer benefcial effects of exercise on neurogenesis and cognition to the aged brain, Scienceebl (2020) 144-149.

[63] N. Hadadi, V. Berweiler, H. Wang, M. Trajkovski, Intestinal microbiota as a route for micronutrient bioavailability, Current Opinion in Endocrine and Metabolic Research, 20, 100285 (2021) 1-23.

[64] J. Trommele, The anabolic response to protein ingestion during recovery from exercise has no upper limit in magnitude and duration in vivo in humans, Cell Reports Medicine,4, 101324, 19 (2023) 1-22.

[65] S. Moochhala et al., Intestinal Microbiota Interventions to Enhance Athletic Performance-A Review, Int. J. Mol. Sci. 25, 18 (2024) 1-20.

[66] H. Morita, C. Kano, C. Ishii, N. Kagata, T. Ishikawa, A. Hirayama, Y. Uchiyama, S. Hara, T. Nakamura, S. Fukuda, Bacteroides uniformis and its preferred substrate, α-cyclodextrin, enhance endurance exercise performance in mice and human males, Sci. Adv. 9, eadd2120 (2023)1-17.

[67] P.Bucur, I. Fülöp, E, Sipos, E., Insulin Complexation with Cyclodextrins-A Molecular, Modeling Approach. Molecules, 27, 465 (2022)1-20.

[68] S. Maleki Dizaj, S. Sharifi, F. Tavakoli, Y. Hussain , H. Forouhandeh, S. Mahdi Hosseiniyan Khatibi , M. Y. Memar , M. Yekani, H. Khan, K. Wen Goh, L. Chiau Ming, Curcumin-Loaded Silica Nanoparticles: Applications in Infectious Disease and Food Industry, Nanomaterials, 12 (2022) 2848 1-16

[69] KM Nelson, JL Dahlin, J Bisson, J Graham, GF Pauli, MA Walters, The Essential Medicinal Chemistry of Curcumin, Journal of Medicinal Chemistry. 60, 5 (2017) 1620–1637

[70] A.C. Anselmo et al., A. Jaklenec, A heat-stable microparticle platform for oral micronutrient delivery, Science Translational Medicine, 11, 518, eaaw3680 (2019) 1-10. DOI: 10.1126/scitranslmed.aaw3680

[71] A.Kaushal Balakrishna, M. Abdul Wazed, M. Farid,A Review on the effect of high pressure processing (HPP) on Gelatinization and Infusion of Nutrients, Molecules 2020, 25, 2369 1-19.

[72] L. Liu, W. Zhao, Q. Ma, et al. Functional nano-systems for trans-dermal drug delivery and skin therapy. Nanoscale Adv. 5 (2023) 1527-1558.

[73] L. Fan, J. Huang, S. Ma, Recent advances in delivery of transdermal nutrients: A review, 33, 1, e14966 (2024) 1-14.

[74] J. Chen, Synthetic biology for future food: Research progress and future directions, Future Foods, 3, 100025 (2021) 1-12.

[75] Y-Ammar A., Sierra D., Mérola F., Hildebrandt N., Le Guével X., Self-Assembled Gold Nanoclusters for Bright Fluorescence Imaging and Enhanced Drug Delivery. ACS Nano (2016) 10, 2: 2591–2599.

[76] Bracamonte A. Guillermo, Brouard D., Lessard-Viger M., Boudreau D., Veglia Alicia V. Nano-supramolecular complex synthesis: switch on/off enhanced fluorescence control an molecular release using a simple chemistry reaction. Microchemical Journal (2016) 128:297–304.

[77] Brouard D., Ratelle O., Bracamonte A. Guillermo, St-Louis M., Boudreau D. Direct molecular detection of SRY gene from unamplified genomic DNA by metal enhanced fluorescence and FRET. Analytical Methods (2013) 5:6896 - 6899.

[78] Brouard D.; Lessard Viger M.; Bracamonte A. G.; Boudreau D. Nanoplasmonic sensing of nucleic acids using fluorescent core-shell nanoparticles and a cationic fluorescent polymer. ACS Nano (2011) 5:1888-1896.

[79] Síntesis de Nanopartículas Fluorescentes con Corazón metálico recubiertas con un Polímero Biodegradable aplicadas a la liberación controlada de Fármacos. Gontero, D. [2]; Bracamonte, A. G. [1]; Boudreau, D.[2]; Veglia, A.[1]. [1] Instituto de Investigaciones en Físicoquímica de Córdoba (INFIQC), Departamento de Química Orgánica, Facultad de Ciencias Químicas, Universidad Nacional de Córdoba. Ciudad Universitaria, 5000 Córdoba, Argentina [2] Dep. de chimie et Centre d'optique, photonique et laser (COPL), Université Laval, Québec, Canada. VI Congreso Iberoamericano de Ciencias Farmacéuticas, Simposio de Tecnología Farmacéutica (COIFFA), 4 al 0 de noviembre de 2015, Córdoba, Córdoba, Argentina. Libro de Resumenes–SAFE 2015 ISSN 2250-4079 (B- III-87 – 230).

[80] Fluorescent biodegradable core-shell Nanoparticles applied as platforms for molecular diagnosis by Nanoimaging and drug delivery applications. Gontero, D. [2]; Bracamonte, G. [1]; Boudreau, D. [2]; Veglia, A [1]. INFIQC, Depto. de Química Orgánica, Facultad de Ciencias Químicas, Universidad Nacional de Córdoba. Dep. de chimie et Centre d'optique, photonique et laser (COPL),

Université Laval, Québec, Canada. Molecular Diagnostics 2016. Virtual Event. Labroots, ACS 6-8 de abril de 2016.

yes
I want morebooks!

Buy your books fast and straightforward online - at one of world's fastest growing online book stores! Environmentally sound due to Print-on-Demand technologies.

Buy your books online at
www.morebooks.shop

¡Compre sus libros rápido y directo en internet, en una de las librerías en línea con mayor crecimiento en el mundo! Producción que protege el medio ambiente a través de las tecnologías de impresión bajo demanda.

Compre sus libros online en
www.morebooks.shop

info@omniscriptum.com
www.omniscriptum.com

Printed by Books on Demand GmbH, Norderstedt / Germany